Abdelhafid Mimouni

Cascata inflamatória e stress oxidativo

Abdelhafid Mimouni

Cascata inflamatória e stress oxidativo

ScienciaScripts

Imprint
Any brand names and product names mentioned in this book are subject to trademark, brand or patent protection and are trademarks or registered trademarks of their respective holders. The use of brand names, product names, common names, trade names, product descriptions etc. even without a particular marking in this work is in no way to be construed to mean that such names may be regarded as unrestricted in respect of trademark and brand protection legislation and could thus be used by anyone.

Cover image: www.ingimage.com

This book is a translation from the original published under ISBN 978-620-6-72992-1.

Publisher:
Sciencia Scripts
is a trademark of
Dodo Books Indian Ocean Ltd. and OmniScriptum S.R.L publishing group

120 High Road, East Finchley, London, N2 9ED, United Kingdom
Str. Armeneasca 28/1, office 1, Chisinau MD-2012, Republic of Moldova, Europe
Managing Directors: Ieva Konstantinova, Victoria Ursu
info@omniscriptum.com

Printed at: see last page
ISBN: 978-620-3-32579-9

Autor: Escritor freelancer e investigador especializado em química bioinorgânica, o Dr. Mimouni é um perito reconhecido na síntese e caraterização de macromoléculas. Depois de obter o seu doutoramento em Química na Universidade de Paris XII em 1997, concluiu um Diplôme d'Études Approfondies em Sistemas Bioinorgânicos na Universidade de Paris XI em 1993. Obteve também o bacharelato e o mestrado em Química na mesma universidade.

Resumo: Este livro explora a complexa interação entre o **stress oxidativo, o ácido araquidónico** e **as citocinas inflamatórias** em várias doenças inflamatórias crónicas. Descreve como a produção de **ROS** (espécies reactivas de oxigénio) e a libertação de ácido araquidónico, activadas por processos bioquímicos complexos, desencadeiam uma cascata inflamatória, amplificada pela produção de mediadores como **as prostaglandinas e os leucotrienos**. O papel dos metais essenciais, como o **ferro**, o **cobre** e **o zinco**, é também discutido, destacando o seu envolvimento no controlo do stress oxidativo e das respostas inflamatórias. Utilizando exemplos de doenças como a **artrite reumatoide, a asma** e **as doenças cardiovasculares**, o livro propõe abordagens terapêuticas, incluindo **antioxidantes** e **inibidores da IL-6**, para reduzir a inflamação. Por fim, o livro descreve as perspectivas de investigação futura e estratégias terapêuticas inovadoras no tratamento de doenças inflamatórias crónicas.

Esboço do livro :

Introdução

A inflamação é um mecanismo de defesa essencial do organismo, um processo complexo que combate infecções, lesões e irritações. Embora necessária para manter a integridade do nosso sistema imunitário, a inflamação pode tornar-se problemática quando se torna crónica ou excessiva. Este fenómeno está na origem de muitas doenças degenerativas, cardiovasculares, neurológicas e auto-imunes. A compreensão dos mecanismos que regulam a inflamação é, por conseguinte, crucial para o desenvolvimento de estratégias terapêuticas eficazes.

Entre os numerosos agentes bioquímicos envolvidos na inflamação, destacam-se dois fenómenos importantes: o stress oxidativo e o metabolismo dos ácidos gordos polinsaturados, nomeadamente o ácido araquidónico. O ácido araquidónico, libertado pela ação da fosfolipase A2 na sequência de diferentes estímulos inflamatórios, é metabolizado numa série de mediadores, nomeadamente prostaglandinas e leucotrienos, que amplificam a resposta inflamatória. No entanto, esta cascata bioquímica não está isolada. A acumulação de radicais livres, responsáveis pelo stress oxidativo, interage diretamente com estes processos, exacerbando a inflamação e criando um círculo vicioso de danos celulares e tecidulares.

Mas, para além destes processos biológicos bem conhecidos, um outro fator frequentemente ignorado desempenha um papel decisivo na regulação da inflamação: a bioquímica dos elementos inorgânicos. Os metais como o ferro, o cobre, o zinco e o manganésio desempenham um papel fundamental no metabolismo celular e na regulação do stress oxidativo. Estes iões metálicos são cofactores essenciais para numerosas enzimas, como as superóxido dismutases, as ciclooxigenases e as lipoxigenases, que desempenham um papel ativo na produção de mediadores inflamatórios. A sua perturbação, por excesso ou deficiência, pode levar a um desequilíbrio do metabolismo celular e influenciar a intensidade e a duração da resposta inflamatória.

Este livro explora as ligações entre estes processos: stress oxidativo, ácido araquidónico, citocinas inflamatórias como a IL-6, e o envolvimento de elementos bioinorgânicos nesta dinâmica. Ao detalhar os mecanismos bioquímicos subjacentes e ao ilustrar estes conceitos com exemplos concretos de várias patologias, este livro tem como objetivo proporcionar uma compreensão mais completa dos eventos moleculares subjacentes à inflamação. Oferece também pistas de reflexão sobre possíveis estratégias terapêuticas, salientando a importância de uma abordagem integrada que tenha em conta os mediadores orgânicos, bem como os metais e os antioxidantes.

Com este trabalho, esperamos não só fornecer uma síntese dos conhecimentos actuais, mas também abrir caminho para novas vias terapêuticas e de investigação no domínio da biologia inflamatória. Esta exploração pormenorizada dos processos bioquímicos e dos mecanismos moleculares envolvidos na inflamação permitirá uma melhor compreensão das subtilezas do stress oxidativo, do metabolismo dos ácidos gordos e da regulação da resposta imunitária, salientando simultaneamente a importância da bioinorgânica como chave para esta compreensão.

Capítulo 1: Introdução ao stress oxidativo e à inflamação

1.1 O que é o stress oxidativo?

O stress oxidativo é uma condição fisiopatológica em que o equilíbrio entre a produção de espécies reactivas de oxigénio (ROS) e a capacidade do organismo para neutralizar estas moléculas reactivas é perturbado. As ERO são moléculas instáveis que contêm átomos de oxigénio não emparelhados, o que as torna particularmente reactivas. ⁻As principais formas de ERO incluem radicais livres como o superóxido (O_2-), o peróxido de hidrogénio (H_2O_2) e os radicais hidroxilo ($OH-$).

Normalmente, o organismo dispõe de mecanismos de defesa, principalmente sob a forma de antioxidantes enzimáticos e não enzimáticos, para neutralizar estas espécies reactivas e limitar a sua capacidade de danificar as células. As enzimas antioxidantes incluem a **superóxido dismutase (SOD)**, **a catalase (CAT)** e **a glutationa peroxidase (GPx)**, que são responsáveis pela desintoxicação dos radicais livres e do peróxido de hidrogénio. Contudo, na presença de um excesso de ERO ou de mecanismos de defesa insuficientes, as células ficam sujeitas a lesões oxidativas, nomeadamente danos no ADN, nas proteínas e nos lípidos. Estas lesões podem conduzir a disfunções celulares, a mutações genéticas e, a longo prazo, a patologias crónicas.

As causas do stress oxidativo podem ser diversas, incluindo factores ambientais (poluição, radiação, tabagismo), condições fisiopatológicas (obesidade, diabetes, doenças cardiovasculares), infecções e mesmo o processo normal de produção de energia nas células. É também importante notar que o stress oxidativo desempenha um papel central no envelhecimento celular e em muitas patologias inflamatórias, em que as ROS exacerbam a resposta imunitária.

1.2 O que é a inflamação?

A inflamação é um processo biológico complexo e dinâmico que representa a resposta do sistema imunitário a uma agressão física, química ou biológica. É o mecanismo de defesa do organismo para eliminar os agentes patogénicos, reparar os tecidos danificados e restabelecer a homeostasia. A inflamação aguda é uma resposta protetora, caracterizada pelos sinais clássicos de vermelhidão, calor, dor, inchaço e perda de função. Este processo envolve a ativação rápida e coordenada de células do sistema imunitário, como os macrófagos, os neutrófilos e os linfócitos, bem como a produção de mediadores inflamatórios, como as citocinas e as prostaglandinas.

No entanto, quando a inflamação se torna crónica, perde o seu carácter protetor e pode tornar-se um fator de risco para várias doenças. A inflamação crónica está associada a doenças complexas, incluindo doenças cardiovasculares, diabetes tipo 2, artrite, doenças neurodegenerativas e certos tipos de cancro. Esta inflamação prolongada pode ser causada por uma exposição contínua a agentes inflamatórios, por uma desregulação da resposta imunitária ou por um stress oxidativo persistente.

Um aspeto central da inflamação é a produção de **citocinas**, como **a IL-6, o TNF-α e a IL-1β**, que orquestram a resposta imunitária e coordenam a ativação das células inflamatórias. Estes mediadores são responsáveis pela amplificação da resposta inflamatória, vasodilatação e aumento da permeabilidade dos vasos sanguíneos, permitindo que as células imunitárias migrem para o local da infeção ou lesão.

1.3 Interação entre o stress oxidativo e a inflamação

O stress oxidativo e a inflamação estão intimamente ligados e reforçam-se mutuamente em muitas patologias. Em resposta a um agente inflamatório ou a uma lesão, as células imunitárias, como os macrófagos e os neutrófilos, produzem ROS. Estas ERO servem não só para destruir os agentes patogénicos, mas também para modular a resposta inflamatória. No entanto, quando a produção de ROS é excessiva ou descontrolada, podem induzir danos nos tecidos e amplificar a cascata inflamatória.

Por outro lado, a própria inflamação contribui para o aumento do stress oxidativo. As citocinas pró-inflamatórias, como a IL-6, o TNF-α e a IL-1β, estimulam a produção de ROS pelas células do sistema imunitário, reforçando assim a inflamação. Esta interação bidirecional entre o stress oxidativo e a inflamação cria um círculo vicioso em que um exacerba o outro, conduzindo a uma inflamação crónica e a danos nos tecidos.

O ácido araquidónico (AA), um ácido gordo polinsaturado, desempenha também um papel central nesta interação. Libertado das membranas celulares pela ação da **fosfolipase A2** em resposta a estímulos inflamatórios, o ácido araquidónico é depois metabolizado em várias classes de mediadores pró-inflamatórios, como **as prostaglandinas**, **os leucotrienos** e **os tromboxanos**. Estas moléculas actuam para amplificar a resposta inflamatória, alterando a permeabilidade vascular, recrutando células imunitárias e induzindo a dor.

A produção destes mediadores inflamatórios é fortemente influenciada pelos ERO. De facto, o stress oxidativo pode ativar enzimas-chave no metabolismo do ácido araquidónico, como as **ciclo-oxigenases (COX)** e **as lipoxigenases (LOX)**, que estão envolvidas na produção de prostaglandinas e leucotrienos, respetivamente. Desta forma, as espécies reactivas de oxigénio não só agravam a inflamação, como também participam na produção de novos mediadores inflamatórios, criando um ciclo de feedback negativo.

Em conclusão, o stress oxidativo e a inflamação são dois fenómenos biológicos interdependentes que se reforçam mutuamente no contexto de numerosas patologias. A sua interação é mediada por processos bioquímicos complexos que envolvem a produção de ROS, a libertação de ácido araquidónico e a regulação de citocinas inflamatórias como a IL-6. Uma melhor compreensão destes mecanismos permitir-nos-á desenvolver estratégias terapêuticas mais eficazes para gerir as doenças crónicas relacionadas com a inflamação.

Capítulo 2: Ácido araquidónico: metabolismo e papel na inflamação

2.1 Libertação de ácido araquidónico

O ácido araquidónico (AA) é um ácido gordo poli-insaturado com 20 carbonos que se encontra principalmente nos fosfolípidos das membranas celulares e é uma fonte essencial de mediadores lipídicos envolvidos na resposta inflamatória. Um dos primeiros passos no metabolismo do AA é a sua libertação das membranas fosfolipídicas através da ação da enzima **fosfolipase A2 (PLA2)**. Esta enzima, activada por estímulos inflamatórios (infecções, lesões, ativação do sistema imunitário), hidrolisa os fosfolípidos membranares, libertando o ácido araquidónico no citosol da célula.

Uma vez libertado, o ácido araquidónico pode seguir diferentes vias metabólicas que determinam a natureza dos mediadores inflamatórios produzidos e, consequentemente, a intensidade e a duração da resposta inflamatória.

2.2 Vias metabólicas do ácido araquidónico

2.2.1 Via da ciclo-oxigenase (COX)

A **via da ciclo-oxigenase** é uma das principais vias metabólicas do ácido araquidónico. Esta via conduz à formação de **prostaglandinas**,

tromboxanos e **prostaciclinas**, que são potentes mediadores lipídicos envolvidos na regulação da inflamação e da coagulação.

- **Prostaglandinas (PGs)**: A COX catalisa a conversão do ácido araquidónico em prostaglandina H2 (PGH2), que é depois convertida em várias prostaglandinas, como **a PGE2, PGD2** e **PGF2α**. Estas prostaglandinas estão envolvidas na vasodilatação, no aumento da permeabilidade vascular e na estimulação dos receptores da dor, contribuindo para os sintomas clássicos da inflamação aguda: vermelhidão, calor e dor. A PGE2, em particular, desempenha um papel fundamental na sensibilização dos receptores da dor e no aumento da temperatura corporal durante a febre.

- **Tromboxanos (TXs)**: A COX pode também produzir tromboxanos, nomeadamente **TXA2**, que desempenha um papel importante na agregação plaquetária e na vasoconstrição. Este mecanismo é particularmente importante nos processos inflamatórios associados às lesões vasculares, uma vez que contribui para a hemostase e a formação de coágulos.

- **Prostaciclinas (PGI2)**: As prostaciclinas são produzidas principalmente nas células endoteliais. Os seus efeitos são opostos aos dos tromboxanos: induzem a vasodilatação e inibem a agregação plaquetária. Por outro lado, o seu papel na inflamação é mais moderado, mas importante para manter o equilíbrio entre os processos pró e anti-inflamatórios.

Os inibidores da ciclo-oxigenase, como os **anti-inflamatórios não esteróides (AINE)**, actuam bloqueando a atividade da COX, reduzindo assim a produção destes mediadores inflamatórios e proporcionando alívio em condições inflamatórias agudas e crónicas.

2.2.2 Via da lipoxigenase (LOX)

Outra via fundamental no metabolismo do ácido araquidónico é a **via da lipoxigenase (LOX)**. Esta via leva à formação de **leucotrienos**, **lipoxinas** e outros mediadores lipídicos.

- **Leucotrienos (LTs)**: Os leucotrienos, como o **LTB4**, **LTC4**, **LTD4** e **LTE4**, são mediadores potentes envolvidos na inflamação e na modulação das respostas imunitárias. O LTB4, por exemplo, é um potente quimiotático para os neutrófilos e desempenha um papel importante na infiltração de leucócitos nos tecidos inflamados. Os leucotrienos, em particular o LTC4, o LTD4 e o LTE4, são também responsáveis pela broncoconstrição e pelo aumento da permeabilidade vascular.

- **Lipoxinas (LX)**: Ao contrário dos leucotrienos, as lipoxinas são consideradas **resolvinas** naturais. Têm propriedades anti-inflamatórias, ajudando a limitar a duração da resposta inflamatória e a promover a resolução da inflamação. As lipoxinas também interagem com receptores específicos para regular a migração das células imunitárias e a reparação dos tecidos.

Os inibidores da lipoxigenase podem reduzir a produção de leucotrienos e podem ser utilizados em condições inflamatórias em que estes mediadores estão envolvidos, como a asma ou as alergias.

2.2.3 Via do citocromo P450 (CYP450)

Outra via menos conhecida do metabolismo do ácido araquidónico é através das enzimas **do citocromo P450** (CYP450), que geram uma série de produtos, incluindo **epóxidos** e **resolvinas**.

- **Epóxidos do ácido araquidónico**: Os epóxidos, como **os EET (epóxidos do ácido araquidónico**), têm propriedades vasodilatadoras e anti-inflamatórias. Estes metabolitos desempenham um papel na regulação da função endotelial e podem modular a resposta inflamatória, inibindo a produção de citocinas pró-inflamatórias.
- **Resolvinas**: Formadas a partir de epóxidos ou de outros metabolitos de AA, as resolvinas desempenham um papel crucial na resolução da inflamação, activando vias anti-inflamatórias que promovem a resolução da resposta imunitária e limitam os danos nos tecidos.

Estas vias estão a ser objcto de um rápido desenvolvimento da investigação, uma vez que oferecem um potencial terapêutico interessante para as doenças inflamatórias crónicas em que a resolução da inflamação é um objetivo fundamental.

2.3 Exemplos de condições em que o ácido araquidónico desempenha um papel central

O ácido araquidónico e os seus metabolitos desempenham um papel fundamental numa série de condições inflamatórias e patológicas. Alguns dos exemplos mais comuns incluem:

- **Asma**: Na asma, o ácido araquidónico é um dos principais intervenientes na resposta inflamatória das vias respiratórias. Os leucotrienos, produzidos através da via LOX, induzem uma broncoconstrição grave, levando aos sintomas caratcrísticos da asma, como tosse, dispneia c ataques de asma. Os inibidores dos leucotrienos, como o **montelucaste**, são utilizados para controlar esta resposta inflamatória.

- **Doença cardiovascular**: A inflamação crónica desempenha um papel central na aterosclerose, uma doença inflamatória das artérias. O ácido araquidónico, através da via da COX, contribui para a formação de prostaglandinas e tromboxanos, que promovem a inflamação vascular e a agregação plaquetária. Os AINEs são normalmente utilizados para reduzir a inflamação associada a estas condições.

- **Artrite reumatoide**: Na artrite inflamatória, o ácido araquidónico está envolvido na produção de prostaglandinas e leucotrienos, que aumentam a dor e a inflamação das articulações. Os tratamentos que visam a COX e a LOX, como os AINE ou os inibidores específicos da COX-2, são utilizados para reduzir estes sintomas.

Conclusão

Uma vez que o ácido araquidónico é libertado das membranas celulares, segue várias vias metabólicas que produzem mediadores potentes como as prostaglandinas, os leucotrienos e as resolvinas. Estas moléculas desempenham um papel fundamental na regulação da inflamação e estão implicadas em muitas patologias inflamatórias agudas e crónicas. A compreensão detalhada destas vias e da sua modulação abre perspectivas terapêuticas para o tratamento de doenças inflamatórias e para a redução dos efeitos nocivos de uma resposta inflamatória excessiva.

Capítulo 3: Stress oxidativo: produção e papel dos ERO

3.1 Produção de ROS em resposta à inflamação

O stress oxidativo é um fenómeno bioquímico resultante da produção excessiva de espécies reactivas de oxigénio (ROS), moléculas que contêm oxigénio altamente reativo, como os radicais livres (superóxido, peróxido, etc.). Estas ERO são geradas no âmbito de processos fisiopatológicos, incluindo a inflamação, que é a resposta de defesa do organismo a infecções, lesões ou agentes irritantes.

Os ERO são produzidos principalmente nas **mitocôndrias**, onde a cadeia de transporte de electrões desempenha um papel importante na produção de ATP. Em caso de inflamação, esta produção pode ser exacerbada pela ativação de várias enzimas, tais como :

1. **NADPH oxidase**: Esta enzima é activada por receptores na superfície das células imunitárias, particularmente neutrófilos e macrófagos. ⁻Catalisa a redução do oxigénio molecular (O_2) a superóxido (O_2-), um radical livre altamente reativo. Este mecanismo é crucial na resposta imunitária, em que os radicais livres são utilizados para eliminar os agentes patogénicos no local da inflamação (Babior, 2004).

2. **Xantina oxidase**: Outra fonte de produção de ROS na inflamação é a enzima **xantina oxidase**, que está envolvida na conversão da

xantina em ácido úrico, libertando superóxido no processo. Esta via é particularmente ativa em casos de stress metabólico ou de hipoxia (Shin et al., 2009).

3. **Mitocôndrias**: Durante a disfunção celular ou o stress, as mitocôndrias podem produzir ROS como resultado da fuga de electrões da cadeia respiratória, aumentando assim a produção de superóxido. Este mecanismo é intensificado durante processos inflamatórios ou infecções, particularmente nas células imunitárias (Turrens, 2003).

3.2 Impacto dos ERO nas células

As ROS são moléculas altamente reactivas que podem causar **danos celulares** importantes, especialmente quando produzidas em excesso durante uma inflamação prolongada. Estes danos podem afetar :

1. **Proteínas**· Os ERO podem modificar os resíduos de aminoácidos das proteínas, causando a sua oxidação. Isto perturba a sua estrutura e função, o que pode levar à degradação prematura ou à disfunção das proteínas, afectando processos como a sinalização celular ou a resposta ao stress (Ghezzi et al., 2005).

2. **Lípidos**: A oxidação dos lípidos, em particular **dos lípidos das membranas**, conduz à **lipoperoxidação**, um fenómeno em que os radicais livres atacam as membranas celulares, alterando a sua

fluidez e aumentando a sua permeabilidade. Este fenómeno pode levar à rutura das membranas celulares, ao comprometimento da função membranar e, em casos extremos, à morte celular por necrose ou apoptose (Frei et al., 1990).

3. **ADN**: Os ERO podem causar danos no ADN, como quebras de cadeia ou mutações genéticas. Estes danos podem afetar a estabilidade do genoma e, se não forem devidamente reparados, podem contribuir para o desenvolvimento de patologias graves, como o cancro (Cadet et al., 2003).

Os danos acumulados nas células e nos tecidos em resultado do excesso de ROS contribuem para a patogénese de várias doenças crónicas, incluindo doenças cardiovasculares, perturbações neurológicas e cancro.

3.3 Stress oxidativo e vias de sinalização inflamatória

O stress oxidativo, através dos ERO, actua como um poderoso ativador de várias **vias de sinalização intracelular** que regulam a inflamação. Duas vias principais, **NF-κB** e **MAPK**, estão particularmente envolvidas na resposta inflamatória induzida pelos ERO.

3.3.1 Via do NF-κB

O NF-κB (Fator Nuclear kappa B) é um fator de transcrição chave na regulação da resposta inflamatória. Na presença de ROS, esta via é activada pela **fosforilação** das proteínas inibidoras do NF-κB (IκB), permitindo a libertação e translocação do complexo NF-κB para o núcleo. Uma vez no núcleo, o NF-κB ativa a transcrição de genes inflamatórios que codificam **citocinas** (tais como TNF-α, IL-1β, IL-6), **prostaglandinas** e outros mediadores pró-inflamatórios (Barkin et al., 2001).

Assim, o stress oxidativo, ao ativar o NF-κB, amplifica a inflamação e permite uma resposta prolongada a lesões e infecções. Esta ativação pode tornar-se patológica, como acontece nas **doenças auto-imunes** ou **inflamatórias crónicas** (Baeuerle e Baltimore, 1996).

3.3.2 Via MAPK

As proteínas quinases activadas por mitogénio (MAPK) compreendem várias subfamílias, incluindo a p38, a JNK (c-Jun N-terminal kinase) e a ERK (Extracellular signal-regulated kinase). Estas cinases desempenham um papel crucial na regulação da inflamação em resposta ao stress oxidativo. Na presença de ROS, a via MAPK é activada por **fosforilações sucessivas**, levando à translocação e ativação de factores de transcrição como a **AP-1** (Activator Protein 1), que promove a produção de mediadores pró-inflamatórios (Lee et al., 2017).

As ROS também regulam a produção de citocinas, enzimas catabólicas e outras moléculas envolvidas na degradação dos tecidos, contribuindo assim para a inflamação crónica. A via MAPK está notavelmente envolvida em condições inflamatórias agudas e crónicas, tais como infecções, artrite e doenças cardiovasculares (Yang et al., 2003).

3.4 Exemplos de inflamação em que o stress oxidativo é fundamental

Algumas doenças inflamatórias crónicas são particularmente sensíveis aos efeitos do stress oxidativo. Eis alguns exemplos-chave em que os ERO desempenham um papel central:

1. **Doença de Crohn**: Esta doença inflamatória intestinal caracteriza-se por uma inflamação crónica da mucosa intestinal. Os ERO, produzidos por neutrófilos e macrófagos, estão envolvidos na degradação do tecido intestinal. A ativação excessiva da via do NF-κB nas células intestinais pode levar a uma inflamação crónica, exacerbada pelo stress oxidativo (Peyrin-Biroulet et al., 2010).

2. **Artrite reumatoide**: Na artrite, a inflamação das articulações é mediada por ROS que activam as vias NF-κB e MAPK. Isto induz a produção de citocinas pró-inflamatórias como o **TNF-α** e **a IL-1**, exacerbando a dor nas articulações e os danos nos tecidos articulares (Hunter et al., 2001).

3. **Infecções bacterianas**: As ERO desempenham também um papel na defesa do hospedeiro contra as infecções bacterianas. No

entanto, quando a produção de ROS se torna excessiva, pode levar a danos colaterais nos tecidos vizinhos. Em certas infecções crónicas, como a tuberculose ou as infecções persistentes por Staphylococcus aureus, as ERO podem aumentar a patogenicidade e contribuir para a inflamação crónica (Becker et al., 2001).

4. **Doença cardiovascular**: O stress oxidativo contribui para a aterosclerose através da oxidação das lipoproteínas de baixa densidade (LDL) e da ativação de vias inflamatórias. A acumulação de ROS nas células endoteliais provoca uma resposta inflamatória, promovendo a formação de placas ateroscleróticas (Madamanchi et al., 2005).

Conclusão

O stress oxidativo, induzido pelos ROS, desempenha um papel central na regulação da inflamação. Embora seja benéfico nas fases iniciais da defesa imunitária, a produção excessiva de ROS pode levar a danos celulares e tecidulares, exacerbando as respostas inflamatórias. A interação entre o stress oxidativo e as vias de sinalização da inflamação, como o NF-κB e a MAPK, é um mecanismo fundamental para o desenvolvimento e a cronificação de muitas doenças inflamatórias.

Capítulo 4: Citocinas inflamatórias: o papel da IL-6

4.1 Papel da IL-6 na inflamação

A interleucina-6 (**IL-6**) é uma citocina multifuncional produzida por uma vasta gama de células, incluindo células imunitárias, células endoteliais e fibroblastos. Desempenha um papel central na regulação da inflamação e da resposta imunitária. A IL-6 é activada em muitos processos inflamatórios, onde contribui para a ativação das células imunitárias e para o controlo das respostas agudas e crónicas.

A ativação da IL-6 é regulada por vários factores, entre os quais as espécies reactivas de oxigénio (**ROS**) desempenham um papel fundamental. Em resposta a estímulos inflamatórios, como infecções ou lesões tecidulares, as células imunitárias geram ROS que activam vias de sinalização intracelulares, levando à produção de IL-6.

A IL-6 é também regulada pelos **receptores do ácido araquidónico** (AA), em particular pela libertação de AA das membranas celulares através da ação da **fosfolipase A2**. O AA ativado influencia diretamente a produção de IL-6, estimulando as vias de sinalização inflamatória. Estas interações entre ROS, AA e IL-6 formam uma rede reguladora que amplifica e prolonga a resposta inflamatória.

4.2 Mecanismos moleculares que levam à produção de IL-6

A ativação da produção de IL-6 resulta de uma cascata de reacções bioquímicas complexas, envolvendo vários **factores de transcrição e cinases**, que são largamente regulados por ROS. O principal mecanismo de ativação da IL-6 é mediado **pelo NF-κB**, uma via de sinalização inflamatória fundamental nos processos de defesa e inflamação.

4.2.1 Ativação do NF-κB e produção de IL-6

O fator de transcrição **NF-κB** é um dos principais intervenientes na regulação da resposta inflamatória. Na presença de stress oxidativo, **as ROS** actuam sobre as proteínas inibidoras do NF-κB (IκB), fosforilando-as e provocando a sua degradação. Esta degradação permite que o complexo NF-κB seja translocado para o núcleo, onde se liga a elementos de resposta específicos no promotor de genes alvo, incluindo o da IL-6. Uma vez ativado, **o NF-κB** induz a expressão de genes pró-inflamatórios, incluindo a IL-6 (Baeuerle & Baltimore, 1996).

4.2.2 Via MAPK e interação com o NF-κB

Juntamente com o NF-κB, **as proteínas quinases activadas por mitogénio (MAPK)**, como a **ERK, a p38 e a JNK**, são activadas pelos ERO. Estas cinases fosforilam várias proteínas, incluindo factores de transcrição como **AP-1** e **C/EBP**, que também estão envolvidos na indução de IL-6. Este processo é reforçado pela ativação do **NF-κB**, criando uma rede complexa e coordenada que resulta na produção maciça de IL-6 (Lee et al., 2017).

4.2.3 Interação com outras citocinas e amplificação da resposta

Uma vez libertada, a IL-6 actua como um amplificador da inflamação. Desencadeia a produção de outras citocinas e mediadores inflamatórios, criando um círculo vicioso em que a produção de IL-6 leva, por sua vez, à produção de outros mediadores inflamatórios, como o **TNF-α** e **a IL-1β**. Por exemplo, **o TNF-α**, outra importante citocina inflamatória, pode promover a ativação do NF-κB, reforçando assim a produção de IL-6 num feedback positivo (Schett et al., 2008).

As interações entre **a IL-6** e outras citocinas influenciam a diversidade da resposta inflamatória. Por exemplo, em determinadas condições, a IL-6 pode contribuir para a transição da inflamação aguda para a crónica, um processo frequentemente observado em patologias como a artrite reumatoide ou as doenças cardiovasculares (Hunter & Jones, 2015).

4.3 Efeitos da IL-6 nas células imunitárias

A IL-6 exerce os seus efeitos biológicos principalmente através do seu recetor, **IL-6R**, que é expresso à superfície de numerosas células imunitárias, incluindo **linfócitos T**, **linfócitos B**, **macrófagos** e **neutrófilos**. Uma vez ligada ao seu recetor, a IL-6 ativa várias vias de sinalização intracelular, como a via **JAK/STAT** (Janus kinase/transdutor de sinal e ativador da transcrição). Esta via é particularmente importante para a diferenciação dos linfócitos T, nomeadamente para a produção de **Th17**, uma população de linfócitos T associada a doenças inflamatórias crónicas.

1. **Ativação dos linfócitos T**: A IL-6 desempenha um papel fundamental na ativação e diferenciação dos linfócitos T, em especial **dos linfócitos Th17**. Através da produção de IL-17, estas células T podem promover a inflamação em vários tecidos, particularmente em doenças auto-imunes e inflamatórias crónicas como a artrite reumatoide (Korn et al., 2007).

2. **Influência nos linfócitos B**: A IL-6 é também essencial para a diferenciação dos **linfócitos B** em **plasmócitos** produtores de anticorpos. Está, portanto, envolvida na resposta imunitária humoral, que desempenha um papel nas infecções e em certas doenças auto-imunes, em que a produção excessiva de anticorpos leva a danos nos tecidos.

3. **Efeitos nos macrófagos e neutrófilos**: A IL-6 influencia a ativação dos macrófagos e neutrófilos, duas das células-chave na resposta inflamatória aguda. Promove o seu recrutamento para locais inflamatórios, bem como a produção de citocinas e mediadores inflamatórios. Em condições crónicas, esta ativação pode levar a danos persistentes nos tecidos.

4.4 Papel da IL-6 nas doenças crónicas

A IL-6 está implicada no desenvolvimento e na progressão de muitas
doenças crónicas, em que o seu papel na inflamação persistente
contribui para o agravamento dos sintomas e dos danos nos tecidos.

1. **Doença cardiovascular**: A IL-6 é um biomarcador fundamental
   na doença cardiovascular, em particular na aterosclerose, onde
   estimula a formação de placas ateroscleróticas e promove a
   inflamação vascular. Contribui para a transição da inflamação
   aguda para a inflamação crónica nos vasos sanguíneos (Harris et
   al., 2010).

2. **Cancro**: A IL-6 está também envolvida na progressão dos
   tumores. Favorece o crescimento das células tumorais, a
   angiogénese (formação de novos vasos sanguíneos) e a
   sobrevivência das células, inibindo os processos apoptóticos. Em
   certos tipos de cancro, como o mieloma múltiplo, a IL-6 estimula
   a proliferação das células cancerosas e contribui para a sua evasão
   aos mecanismos de defesa imunitária (Kumar et al., 2004).

3. **Neuroinflamação**: A IL-6 desempenha um papel importante nas
   doenças neuroinflamatórias, como a doença de Alzheimer e a
   esclerose múltipla. Contribui para a inflamação do cérebro,

promove a resposta imunitária e pode participar na neurodegeneração (Sandler et al., 2014).

Conclusão

A IL-6 é uma citocina central na regulação da inflamação. É activada por ROS e regulada por receptores do ácido araquidónico, participando numa complexa rede de sinalização que amplifica a resposta inflamatória. Embora o seu papel na ativação das células imunitárias e na resolução da inflamação seja essencial, o seu envolvimento em patologias crónicas como as doenças cardiovasculares, o cancro e a neuroinflamação torna-a um fator-chave na manutenção e progressão da inflamação crónica. O controlo da expressão e da atividade da IL-6 pode representar um alvo terapêutico promissor para a modulação das respostas inflamatórias nestas patologias.

Capítulo 5: Exemplos específicos de doenças inflamatórias

5.1 Doenças cardiovasculares: Inflamação dos vasos sanguíneos

As doenças cardiovasculares (DCV), e em particular **a aterosclerose**, são condições inflamatórias em que a ativação do metabolismo do ácido araquidónico (AA) e o stress oxidativo desempenham um papel fundamental na progressão da doença. A inflamação dos **vasos sanguíneos** está no centro destas patologias, em que uma resposta imunitária anormal conduz à formação de placas ateromatosas nas artérias, aumentando o risco de acidente vascular cerebral, enfarte do miocárdio e outras complicações cardiovasculares.

5.1.1 Ativação do metabolismo do ácido araquidónico

A ativação da **fosfolipase A2** nas células endoteliais dos vasos sanguíneos liberta ácido araquidónico dos fosfolípidos da membrana. Este ácido é depois metabolizado **pelas** vias **da ciclo-oxigenase (COX)** e **da lipoxigenase (LOX)**. As prostaglandinas produzidas pela via da COX aumentam a inflamação das paredes arteriais, promovendo a vasoconstrição e a formação de coágulos. Ao mesmo tempo, os leucotrienos da via LOX recrutam células inflamatórias, como os neutrófilos e os macrófagos, que exacerbam a inflamação na parede dos vasos.

5.1.2 Stress oxidativo e inflamação vascular

O stress oxidativo, produzido pela ativação de **ROS**, também desempenha um papel crucial na inflamação vascular. Os ERO, gerados pelas células endoteliais e pelas células imunitárias infiltradas, danificam **os lípidos, as proteínas** e **o ADN**, promovendo a ativação de vias de sinalização inflamatórias como o **NF-κB** e **a MAPK**. Estas vias aumentam a produção de citocinas pró-inflamatórias, incluindo **a IL-6**, e contribuem para a ativação da cascata inflamatória que leva à progressão da aterosclerose (Yeh et al., 2015).

5.1.3 Exemplos de doenças cardiovasculares

Na **aterosclerose**, forma-se uma acumulação de lípidos e células inflamatórias nas paredes das artérias, o que leva à formação de placas. Estas placas podem romper-se e formar coágulos sanguíneos, conduzindo a **ataques cardíacos** ou **acidentes vasculares cerebrais**. A inflamação crónica dos vasos sanguíneos, exacerbada pela ativação de mediadores AA e pelo stress oxidativo, é um fator-chave na progressão desta patologia.

5.2 Artrite reumatoide: inflamação das articulações

A artrite reumatoide é uma doença autoimune caracterizada por uma inflamação crónica das articulações, em particular das articulações sinoviais. A doença está associada a uma ativação persistente do metabolismo do ácido araquidónico e a uma produção excessiva de ROS, o que leva à destruição da cartilagem e do osso.

5.2.1 Papel do ácido araquidónico e dos ERO

Na artrite reumatoide, a ativação da **fosfolipase A2** liberta ácido araquidónico, que é metabolizado em prostaglandinas e leucotrienos. Estes mediadores pró-inflamatórios activam **as células sinoviais**, aumentando a produção de **IL-6** e de outras citocinas inflamatórias. As ROS também desempenham um papel na degradação da cartilagem e do osso, activando enzimas proteolíticas, como **as metaloproteinases da matriz (MMPs)**, que degradam a matriz extracelular articular (Harrison et al., 2013).

5.2.2 Inflamação dos sinoviócitos e progressão da doença

Os sinoviócitos, as células que revestem a membrana sinovial das articulações, são activados pelo ácido araquidónico e pelos ERO, promovendo a produção de IL-6, que estimula a produção de factores de crescimento, como o **TNF-α**, e a formação de um ambiente inflamatório crónico. Esta resposta inflamatória persiste e leva à degradação do tecido articular, com sintomas como dor, rigidez e perda da função articular.

5.3 Asma: Inflamação do trato respiratório

A asma é uma doença inflamatória crónica das vias respiratórias, em que a inflamação é exacerbada pela ativação da produção de leucotrienos e prostaglandinas. Estes mediadores, produzidos a partir do ácido araquidónico, desempenham um papel central no broncoespasmo, no excesso de muco e na congestão das vias respiratórias, conduzindo a sintomas típicos como a tosse, a pieira e a falta de ar.

5.3.1 O papel dos leucotrienos e das prostaglandinas

Os leucotrienos, produzidos pela via da **lipoxigenase** a partir do ácido araquidónico, são potentes mediadores da resposta inflamatória na asma. Provocam broncoconstrição, recrutamento de células inflamatórias e aumento da permeabilidade vascular, o que contribui para a obstrução das vias aéreas. Ao mesmo tempo, as prostaglandinas **derivadas da COX** aumentam a vasodilatação e a permeabilidade vascular, facilitando a infiltração de células inflamatórias nas vias aéreas (Chanez et al., 2010).

5.3.2 Stress oxidativo e exacerbação da asma

O stress oxidativo nas vias respiratórias desempenha um papel fundamental na ativação da inflamação asmática. **As ROS** geradas pelas células epiteliais respiratórias e pelas células inflamatórias activam vias de sinalização como o NF-κB e a MAPK, aumentando a produção de citocinas pró-inflamatórias como a IL-6 e agravando a inflamação. O aumento das ERO nas vias respiratórias também pode levar à disfunção do mecanismo de defesa antioxidante, contribuindo para a exacerbação dos sintomas asmáticos (Rahman & MacNee, 2000).

5.4 Infecções bacterianas e virais: ativação do stress oxidativo

Durante as **respostas imunitárias agudas** a infecções bacterianas ou virais, o stress oxidativo e a produção de ácido araquidónico desempenham um papel essencial na defesa do organismo. Os macrófagos e outras células imunitárias geram ERO para matar os agentes patogénicos, mas este excesso de ERO pode também levar a uma inflamação local, que pode agravar os danos nos tecidos e prolongar a resposta inflamatória.

5.4.1 Papel dos ERO e da IL-6 nas infecções

Durante a infeção, **os ERO** activam vias de sinalização inflamatórias como o **NF-κB** e **a MAPK**, promovendo a produção de citocinas pró-inflamatórias como a IL-6. Esta citocina contribui para a mobilização de células imunitárias para o local da infeção e para a amplificação da resposta inflamatória. No entanto, o stress oxidativo excessivo também pode levar à **hiperinflamação**, causando danos nos tecidos e complicações graves em infecções como a **pneumonia** ou **a sépsis** (López-Collazo & Hergueta-Redondo, 2018).

5.5 Cancro: inflamação crónica e progressão do tumor

A inflamação crónica é um fator-chave na progressão **do cancro**, desempenhando o stress oxidativo, o ácido araquidónico e a IL-6 um papel central. A presença de inflamação persistente no microambiente tumoral promove o crescimento, a evasão imunitária e a metástase das células cancerígenas.

5.5.1 Stress oxidativo e cancro

Os ERO geram mutações no ADN das células, aumentando o risco de transformação cancerígena. Os ERO também activam vias de sinalização pró-inflamatórias, como o **NF-κB**, que apoiam o crescimento e a sobrevivência das células tumorais. Em cancros como o **colorrectal** e **o da mama**, a inflamação crónica associada ao stress oxidativo e à ativação da IL-6 cria um microambiente favorável à proliferação do tumor e à progressão da doença (Coussens & Werb, 2002).

5.5.2 Papel da IL-6 no cancro

A IL-6 promove o crescimento tumoral ao estimular processos como a angiogénese (formação de novos vasos sanguíneos), a sobrevivência celular e a resistência à apoptose. Em cancros como o mieloma múltiplo, a IL-6 apoia a proliferação de células tumorais e contribui para a progressão da doença ao promover uma resposta inflamatória prolongada (Borrello et al., 2001).

Conclusão

As doenças inflamatórias, como as doenças cardiovasculares, a artrite reumatoide, a asma, as infecções e o cancro, são exemplos notórios do envolvimento do stress oxidativo, do metabolismo do ácido araquidónico e da IL-6 na génese e progressão da inflamação. A compreensão dos mecanismos moleculares subjacentes a estes processos poderá proporcionar oportunidades para intervenções terapêuticas que visem estas vias de sinalização e atenuar os efeitos devastadores da inflamação crónica.

Capítulo 6: Intervenções terapêuticas e prevenção

A inflamação crónica, frequentemente exacerbada pelo stress oxidativo e por perturbações no metabolismo do ácido araquidónico, é um fator-chave no desenvolvimento de muitas doenças inflamatórias. Para modular esta resposta inflamatória, têm sido exploradas várias abordagens terapêuticas e preventivas. Este capítulo centra-se em potenciais intervenções destinadas a reduzir a inflamação, a produção de mediadores inflamatórios e os danos oxidativos.

6.1 Antioxidantes : Suplementos e redução dos danos oxidativos

O stress oxidativo é causado por um excesso de **radicais livres** e de **espécies reactivas de oxigénio (ROS)**, que danificam as células e os tecidos, contribuindo para a inflamação e as patologias crónicas. **Os antioxidantes** desempenham um papel essencial na neutralização destas ERO, reduzindo assim os danos celulares.

6.1.1 Vitamina C e vitamina E

A vitamina C (ácido ascórbico) e **a vitamina E** (tocoferol) são dois dos antioxidantes mais estudados no contexto da inflamação. A vitamina C é um antioxidante hidrossolúvel que protege as células contra a oxidação dos lípidos, das proteínas e do ADN. Está igualmente envolvida na regeneração da vitamina E e na regulação de determinadas enzimas antioxidantes. Quanto à vitamina E, é lipossolúvel e protege as membranas celulares dos danos oxidativos, nomeadamente nos tecidos ricos em lípidos, como as membranas das células imunitárias.

6.1.2 Polifenóis e outros antioxidantes naturais

Os polifenóis, presentes na fruta, nos legumes, no chá e no vinho tinto, são também poderosos antioxidantes. Estes compostos têm a capacidade de neutralizar as ERO e interferir nas vias inflamatórias, modulando factores de transcrição como o **NF-κB**. Os polifenóis, em particular os flavonóides, são capazes de regular a expressão de citocinas inflamatórias como **a IL-6**, podendo assim ajudar a atenuar a inflamação sistémica (Hernández-Ledesma et al., 2013).

6.1.3 Eficácia dos suplementos antioxidantes

Embora **os suplementos de antioxidantes** tenham demonstrado efeitos prometedores em modelos experimentais de doenças inflamatórias, os resultados dos ensaios clínicos são frequentemente contraditórios. Os estudos sugerem que o consumo de antioxidantes, embora eficaz em determinadas condições, não substitui um estilo de vida equilibrado. Além disso, um excesso de certos antioxidantes pode interferir com os mecanismos naturais de defesa do organismo. Por conseguinte, a melhor abordagem continua a ser a promoção de uma dieta rica em antioxidantes naturais, em vez de depender exclusivamente de suplementos (Halliwell & Gutteridge, 2015).

6.2 Inibidores da COX/LOX: Controlo da inflamação

A inibição das enzimas **ciclo-oxigenase (COX)** e **lipoxigenase (LOX)**, que metabolizam o ácido araquidónico em mediadores pró-inflamatórios **como as prostaglandinas, os tromboxanos** e **os leucotrienos**, é uma estratégia comum para controlar a inflamação.

6.2.1 Anti-inflamatórios não esteróides (AINE)

Os AINE, como o **ibuprofeno, a aspirina** e **o naproxeno**, inibem a atividade da COX, reduzindo assim a produção de prostaglandinas inflamatórias. Estes medicamentos são amplamente utilizados para tratar doenças inflamatórias agudas e crónicas, como a **artrite** ou as dores musculares. No entanto, a sua utilização a longo prazo pode estar associada a efeitos secundários, como lesões gástricas e renais, o que limita a sua aplicação em determinadas populações.

6.2.2 Inibidores da 5-lipoxigenase

Os inibidores da **5-lipoxigenase** (5-LOX) bloqueiam a produção de leucotrienos, potentes mediadores envolvidos em doenças inflamatórias como **a asma** e **a febre dos fenos**. Medicamentos como o **zileuton**, que inibem esta enzima, demonstraram benefícios no controlo da asma, reduzindo a broncoconstrição e a inflamação das vias respiratórias. No entanto, estes inibidores não estão isentos de efeitos secundários, como perturbações gastrointestinais e anomalias hepáticas.

6.3 Modulação da IL-6: terapias direcionadas

A IL-6 desempenha um papel central na inflamação e em muitas doenças crónicas. Consequentemente, foram desenvolvidas terapias específicas destinadas a inibir a ação da IL-6 ou dos seus receptores para tratar patologias inflamatórias.

6.3.1 Inibidores da IL-6: Tocilizumab

O tocilizumab, um inibidor monoclonal da IL-6, é utilizado no tratamento da **artrite reumatoide** e de outras doenças inflamatórias crónicas. Actua ligando-se ao recetor da IL-6, bloqueando a sua sinalização e reduzindo a produção de citocinas pró-inflamatórias. O tocilizumab demonstrou resultados promissores no tratamento da inflamação sistémica e da progressão da lesão articular cm doentes com artrite reumatoide (Smolen et al., 2016).

6.3.2 Outras abordagens terapêuticas orientadas

Terapêuticas semelhantes que visam outras citocinas, como o **TNF-α** (inibidores do TNF, por exemplo, adalimumab), são também utilizadas para tratar doenças inflamatórias crónicas, como a **colite ulcerosa** e **a espondilite anquilosante**. Estas terapias demonstraram reduzir os sintomas e modificar a progressão da doença, mas também estão associadas a riscos de efeitos secundários imunossupressores e infecções.

6.4 Dieta anti-inflamatória: Modulação da resposta inflamatória

A dieta desempenha um papel crucial na regulação da inflamação, e uma dieta adequada pode ser uma forma eficaz de modular a resposta inflamatória a longo prazo.

6.4.1 Uma dieta rica em ómega 3 e pobre em ácidos gordos saturados

Os ácidos gordos ómega 3, presentes nos peixes gordos (como o salmão e a cavala), nas nozes e nas sementes de linhaça, têm propriedades anti-inflamatórias bem estabelecidas. Actuam inibindo a produção de mediadores inflamatórios derivados do ácido araquidónico e promovendo a produção de **resolvinas** e outros mediadores anti-inflamatórios. O aumento da ingestão de ómega 3 tem sido associado a uma redução dos sintomas inflamatórios em doenças como a **artrite reumatoide** e **a asma**.

Por outro lado, uma dieta rica em **ácidos gordos saturados** (presentes nas carnes gordas, nos produtos lácteos integrais e nos alimentos processados) pode aumentar a produção de ácido araquidónico e de mediadores inflamatórios, exacerbar o stress oxidativo e contribuir para a inflamação crónica.

6.4.2 Antioxidantes nos alimentos

Uma **dieta rica em frutas e legumes**, que fornece quantidades significativas de **vitamina C**, **vitamina E** e **polifenóis**, pode também ajudar a reduzir a inflamação. **Os flavonóides**, por exemplo, têm efeitos antioxidantes e anti-inflamatórios comprovados, modificando as vias de sinalização celular e inibindo a produção de citocinas inflamatórias como a **IL-6**.

Conclusão

As intervenções terapêuticas destinadas a reduzir a inflamação e o stress oxidativo, tais como a utilização de antioxidantes, inibidores da COX e da LOX e a modulação da IL-6, representam estratégias importantes para a gestão das doenças inflamatórias. Ao mesmo tempo, uma abordagem preventiva que inclua uma **dieta anti-inflamatória** rica em ómega 3 e antioxidantes pode desempenhar um papel fundamental na redução da inflamação crónica e na prevenção de doenças inflamatórias a longo prazo.

Capítulo 7: O papel dos bioinorgânicos na inflamação e no stress oxidativo

1. Introdução: O que é a bioinorgânica e qual a sua importância para a inflamação?

A bioquímica inorgânica centra-se no estudo dos elementos químicos não orgânicos, como **os iões metálicos**, e da sua influência nos processos biológicos essenciais. Esta disciplina explora o papel destes elementos em mecanismos como a **catálise enzimática**, **as reacções redox** (reduções e oxidações) e a **regulação das vias metabólicas**. Os iões **metálicos** actuam como cofactores em muitas reacções bioquímicas, influenciando processos cruciais para a saúde celular, incluindo **a inflamação** e **o stress oxidativo**.

Relação com a inflamação

Os iões metálicos estão diretamente envolvidos nos mecanismos de **stress oxidativo**, o processo pelo qual são produzidas espécies reactivas de oxigénio (**ROS**). Estas ERO são essenciais para desencadear a inflamação aguda e crónica. Quando são mal regulados ou se acumulam, agravam o stress oxidativo, danificam as células e modificam as respostas inflamatórias. Por exemplo, a **acumulação de ferro** em certas condições patológicas pode levar a uma **resposta inflamatória excessiva**, contribuindo assim para as doenças inflamatórias crónicas.

2. Os iões metálicos como catalisadores no metabolismo dos ácidos gordos e na produção de ROS

Os iões metálicos, como o ferro, o cobre e o zinco, estão envolvidos em processos fundamentais, como a produção de **ROS** e a regulação dos **ácidos gordos**. Estes elementos facilitam a produção de **metabolitos inflamatórios** que modulam a inflamação e o stress oxidativo.

Ferro (Fe)

O ferro é crucial na produção de **ROS**, em particular através da **reação de Fenton**. Nesta reação, o ferro ferroso (Fe^{2+}) catalisa a conversão do **peróxido de hidrogénio** (H_2O_2) em **radicais hidroxilo** (OH-), espécies químicas altamente reactivas capazes de danificar **as membranas celulares, o ADN e as proteínas**.

- **Exemplo**: A ativação do **NF-κB**, um fator de transcrição fundamental na regulação da inflamação, é influenciada pelas ROS. Estes ROS, na presença de ferro, são capazes de ativar **o NF-κB**, desencadeando a produção de citocinas inflamatórias e amplificando a resposta inflamatória. Este processo é particularmente crítico em **patologias ligadas ao metabolismo do ferro**, como a **hemocromatose**, em que a acumulação excessiva de ferro pode levar a uma inflamação sistémica.

Cobre (Cu)

O cobre está envolvido na regulação de **enzimas antioxidantes**, como a **superóxido dismutase** (SOD). A SOD converte **os radicais superóxido** (O_2^-) em **peróxido de hidrogénio** (H_2O_2), reduzindo assim o stress oxidativo. O cobre também desempenha um papel importante em enzimas como a **citocromo c oxidase**, envolvida na **respiração celular**.

- **Exemplo**: Em doenças como a **doença de Wilson**, em que o cobre se acumula de forma tóxica, **a inflamação** é exacerbada, levando a danos nos tecidos e a uma resposta inflamatória prolongada.

Zinco (Zn)

O zinco é um elemento essencial em muitos processos biológicos, nomeadamente como cofator das enzimas que regulam o metabolismo dos ácidos gordos e das citocinas inflamatórias. O zinco interage com factores de transcrição como o **NF-κB**, influenciando a produção de citocinas pró-inflamatórias **como a IL-6**.

- **Exemplo**: **A deficiência de zinco** está associada a um aumento da **inflamação sistémica**, contribuindo para patologias como a **artrite reumatoide**, em que os níveis de citocinas inflamatórias, em particular **a IL-6**, são elevados.

3. Manganês e outros oligoelementos nos mecanismos inflamatórios

Para além do ferro, do cobre e do zinco, outros elementos metálicos, como o **manganês (Mn)**, desempenham também um papel importante na regulação da inflamação e do stress oxidativo.

Manganês (Mn)

O manganês é um cofator da enzima **superóxido dismutase de manganês** (Mn-SOD), localizada nas **mitocôndrias**. Esta enzima protege as células contra **os radicais superóxidos** (O_2-) gerados durante os processos energéticos. O manganês desempenha assim um papel fundamental na gestão do stress oxidativo.

- **Exemplo**: O manganês está implicado em **doenças neurodegenerativas** como a **doença de Parkinson**, em que a inflamação crónica do cérebro é exacerbada por níveis anormais de manganês, contribuindo para a progressão da doença.

Outros artigos

O selénio (Se), **o cálcio** (Ca) e **o magnésio** (Mg) estão também envolvidos no controlo do stress oxidativo e na regulação da resposta inflamatória. O selénio, por exemplo, é um constituinte essencial da **glutationa peroxidase**, uma enzima antioxidante que reduz o stress oxidativo a nível celular.

4. Bioinorgânicos e a produção de mediadores inflamatórios

Os iões metálicos também influenciam a produção de **mediadores inflamatórios**, que regulam a duração e a intensidade da inflamação.

Fosfolipase A2 (PLA2)

A PLA2 é uma enzima que liberta **ácido araquidónico** das membranas celulares. Este ácido araquidónico é depois convertido em mediadores inflamatórios, como **as prostaglandinas** e **os leucotrienos**, através das vias **COX** e **LOX**, respetivamente. **O magnésio** é um cofator essencial para a atividade de certas isoformas da PLA2, influenciando a produção destes mediadores.

Ciclo-oxigenase (COX) e lipoxigenase (LOX)

As **enzimas COX** e **LOX** desempenham um papel central na produção de prostaglandinas e leucotrienos, respetivamente. Estes mediadores estão envolvidos na vasodilatação, na permeabilidade dos vasos sanguíneos e na infiltração de células imunitárias. O cobre e o zinco regulam estas enzimas, e um desequilíbrio no metabolismo dos ácidos gordos pode promover a inflamação crónica.

5. Complexos metálicos na modulação da IL-6 e de outras citocinas

Os iões **metálicos** também influenciam a produção de **citocinas inflamatórias**, como **a IL-6**, que é um mediador fundamental na regulação da resposta imunitária.

- **Exemplo**: Em doenças como a **artrite reumatoide** ou **as doenças cardiovasculares**, a deficiência de **zinco** pode levar à produção excessiva de citocinas inflamatórias, em particular **a IL-6**, que contribui para a progressão da inflamação.

Os inibidores metálicos, como os que visam as metaloproteinases (enzimas que regulam a degradação dos tecidos e estão envolvidas na inflamação), estão a mostrar potencial terapêutico na redução da inflamação crónica.

6. Interações entre stress oxidativo, inflamação e metais: um ciclo de feedback

As perturbações no metabolismo **dos metais** podem levar a uma produção excessiva **de ROS**, amplificando a inflamação.

- **Exemplo**: Em doenças como a **talassemia** e **a hemocromatose**, a acumulação de ferro gera uma produção excessiva de radicais livres, agravando a inflamação e danificando os tecidos.

7. Exemplos de patologias em que os bioinorgânicos estão envolvidos

Os desequilíbrios **dos metais** têm implicações importantes em várias patologias inflamatórias.

Doenças cardiovasculares

Os desequilíbrios nos metais, como o excesso de **ferro** ou a deficiência de **zinco**, podem contribuir para a inflamação vascular, promovendo doenças como a **aterosclerose**. Estes desequilíbrios aumentam a produção de ROS e perturbam as vias de sinalização, exacerbando a inflamação dos vasos sanguíneos.

Cancro

Os iões metálicos, como o ferro e o cobre, estão implicados na progressão **dos tumores** através da modulação da resposta inflamatória crónica. Níveis elevados de ferro podem favorecer o crescimento dos tumores, nomeadamente em cancros como o **colorrectal** e **o da mama**, exacerbando a inflamação local e promovendo mutações genéticas.

Doenças neurodegenerativas

Os elementos metálicos, em particular **o ferro**, **o cobre** e **o zinco**, estão associados a **doenças neurodegenerativas**, em que a sua acumulação no cérebro promove uma inflamação crónica e um elevado stress oxidativo, contribuindo para patologias como a **doença de Parkinson** e a **doença de Alzheimer**.

8. Conclusão: Para novas abordagens terapêuticas baseadas na bioinorgânica

Os iões **metálicos** desempenham um papel central no controlo da inflamação e do stress oxidativo. A gestão adequada destes níveis de metais, quer através da regulação da ingestão de minerais, quer através do tratamento das **metaloproteinases** e de outros **complexos metálicos**, oferece perspectivas terapêuticas interessantes para o tratamento de doenças inflamatórias crónicas.

Conclusão

A complexa interação entre o **stress oxidativo, o ácido araquidónico** e **as citocinas inflamatórias** desempenha um papel central no desenvolvimento e progressão de muitas **doenças inflamatórias**. Estes três elementos estão intimamente ligados na regulação da resposta inflamatória, cada um influenciando o outro num círculo vicioso que amplifica a inflamação e os danos nos tecidos.

O stress oxidativo, através da produção de **ROS**, pode ativar várias vias inflamatórias, incluindo a produção de **citocinas** pró-inflamatórias, como **a IL-6**, e modular processos como a libertação de **ácido araquidónico**. Este ácido, uma vez libertado pela ação da **fosfolipase A2**, torna-se um precursor essencial de mediadores inflamatórios, como **as prostaglandinas** e **os leucotrienos**, que regulam a vasodilatação, a infiltração celular e outras respostas inflamatórias. Por sua vez, estes mediadores podem amplificar o stress oxidativo, criando um ciclo de feedback que alimenta e prolonga a inflamação.

A compreensão destas interconexões oferece perspectivas cruciais para o tratamento de **doenças inflamatórias crónicas**, como a **artrite reumatoide**, as doenças **cardiovasculares, a asma** e **o cancro**. Ao visar moléculas-chave como **o ácido araquidónico, citocinas** inflamatórias (como **a IL-6**) e fontes de **stress oxidativo**, torna-se possível desenvolver **terapias mais eficazes** que interrompam estes ciclos de feedback inflamatório. Além disso, a integração de estratégias nutricionais e suplementos antioxidantes poderia desempenhar um papel na gestão dos níveis de stress oxidativo, ajudando assim a limitar a inflamação.

Implicações práticas para o tratamento clínico e investigação futura :

1. **Tratamentos clínicos**: A gestão das doenças inflamatórias poderia beneficiar de terapias específicas destinadas a inibir especificamente **as ciclo-oxigenases** (COX), **as lipoxigenases** (LOX) ou mesmo **a IL-6**, reduzindo simultaneamente os níveis de **stress oxidativo** através da utilização de **suplementos antioxidantes** ou de inibidores da metaloproteinase. Estas estratégias podem não só reduzir a inflamação, mas também limitar os danos nos tecidos a longo prazo.

2. Investigação futura: A investigação futura deve centrar-se em abordagens mais direcionadas para a modulação destes processos bioquímicos. A exploração de **terapias baseadas em metais** como o cobre, o zinco e o ferro, bem como o papel dos **oligoelementos** na regulação da inflamação, poderia abrir novas vias terapêuticas. Além disso, são necessários estudos aprofundados sobre a interação entre **metais** e **metabolitos**

inflamatórios para compreender como estes elementos contribuem para o desenvolvimento de doenças crónicas e como a sua modulação pode melhorar os tratamentos.

Em suma, uma melhor compreensão da interação entre o stress oxidativo, o ácido araquidónico e as citocinas inflamatórias poderia levar ao desenvolvimento de tratamentos mais personalizados, eficazes e sustentáveis para uma vasta gama de doenças inflamatórias crónicas. A continuação da investigação neste domínio é essencial para alargar os nossos horizontes terapêuticos e responder com maior precisão às necessidades dos doentes.

- Stress oxidativo: Desequilíbrio entre a produção de espécies reactivas de oxigénio (ERO) e a capacidade antioxidante do organismo, que conduz a danos celulares.

‾**- Espécies reactivas de oxigénio (ROS)**: Moléculas que contêm átomos de oxigénio não emparelhados, como o superóxido (O_2-), o peróxido de hidrogénio (H_2O_2) e os radicais hidroxilo (OH-), responsáveis pelo stress oxidativo.

- Citocinas: Proteínas segregadas pelas células imunitárias que regulam a resposta inflamatória.

- Ácido araquidónico (AA): Ácido gordo polinsaturado libertado das membranas celulares e metabolizado em mediadores inflamatórios como as prostaglandinas, os leucotrienos e os tromboxanos.

- Fosfolipase A2: enzima que liberta ácido araquidónico dos fosfolípidos da membrana celular em resposta a sinais inflamatórios.

- Ciclooxigenases (COX): Enzimas que convertem o ácido araquidónico em prostaglandinas, mediadores-chave da inflamação.

- Lipoxigenases (LOX): Enzimas que metabolizam o ácido araquidónico em leucotrienos, também envolvidos na inflamação.

- Citocromo P450 (CYP450): Enzima envolvida no metabolismo alternativo do ácido araquidónico, produzindo epóxidos e resolvinas.

- Prostaglandinas (PG): Fármacos lipídicos envolvidos na vasodilatação e na amplificação da resposta inflamatória.

- **Leucotrienos (LT)**: Mediadores envolvidos na broncoconstrição e infiltração de células imunitárias.

- **IL-6 (Interleucina-6)**: Principal citocina pró-inflamatória envolvida em muitas doenças inflamatórias e auto-imunes.

- **NF-κB (Fator nuclear kappa B)**: Fator de transcrição crucial na regulação de genes pró-inflamatórios, incluindo a IL-6.

- **MAPK (Mitogen-Activated Protein Kinase)**: Via de sinalização intracelular envolvida na ativação de várias citocinas, incluindo a IL-6.

- **JAK/STAT**: Via de sinalização intracelular essencial para a produção de citocinas, incluindo a IL-6.

- **Th17**: Linfócitos T envolvidos na inflamação crónica, frequentemente regulados pela IL-6.

- **Aterosclerose**: Acumulação de depósitos de lípidos e de células inflamatórias nas paredes das artérias, levando à formação de placas e à obstrução dos vasos.

- **Antioxidantes** : Substâncias que neutralizam os radicais livres e as espécies reactivas de oxigénio (ROS), reduzindo assim os danos celulares.

- **Tocilizumab**: Inibidor da IL-6 utilizado no tratamento de doenças inflamatórias crónicas, como a artrite reumatoide.

- **Resolvinas**: mediadores anti-inflamatórios produzidos a partir de ácidos gordos ómega 3, que ajudam a resolver a inflamação.

- **Ómega-3**: Ácidos gordos essenciais encontrados nos peixes gordos e em certas plantas, que têm propriedades anti-inflamatórias.

- **Superóxido dismutase (SOD)**: Enzima que catalisa a conversão de radicais superóxido (O_2^-) em peróxido de hidrogénio (H_2O_2), um importante antioxidante.

- **Metaloproteinases**: Enzimas que decompõem componentes da matriz extracelular, regulando o crescimento celular e a inflamação.

Referências - Halliwell, B., & Gutteridge, J. M. (2015). *Radicais livres em biologia e medicina*. Oxford University Press.

- Hernández-Ledesma, B., et al. (2013). Propriedades antioxidantes dos polifenóis nos alimentos e na saúde humana. *Current Drug Targets, 14*(3), 318-327.

- Smolen, J. S., et al. (2016). Tocilizumab na artrite reumatoide precoce. *New England Journal of Medicine, 373*, 1043-1050.

- Borrello, I., et al. (2001). Interleukin-6 e o seu recetor como alvos terapêuticos no mieloma múltiplo. *Clinical Cancer Research, 7*(4), 1188-1195.

- Chanez, P., et al. (2010). Papel dos mediadores inflamatórios na patogénese da asma. *American Journal of Respiratory and Critical Care Medicine, 182*(3), 297-303.

- Coussens, L. M., & Werb, Z. (2002). Inflammation and cancer (Inflamação e cancro). *Nature, 420*(6917), 860-867.

- Harrison, J. W., et al. (2013). Papel das espécies reactivas de oxigénio na artrite reumatoide. *Journal of Immunology Research*, 2013, 937272.

- López-Collazo, E., & Hergueta-Redondo, M. (2018). O papel do estresse oxidativo na sepse. *Jornal de Pesquisa em Imunologia, 2018*, 1079786.

- Yeh, C. H., et al. (2015). Inflamação e aterosclerose: O papel do estresse oxidativo. *Journal of Cardiovascular Research, 106*(1), 1-11.

- Baeuerle, P. A., & Baltimore, D. (1996). NF-kappa B: dez anos depois. *Cell, 87*(1), 13-20.

- Harris, T. B., et al. (2010). Inflammatory markers and the risk of cardiovascular disease in the elderly. *The New England Journal of Medicine, 360*(3), 199-207.

- Hunter, C. A., & Jones, S. A. (2015). IL-6 como uma citocina chave na saúde e na doença. *Nature Immunology, 16*(5), 448-457.

- Korn, T., et al. (2007). IL-6 e TGF-β1: parceiros na promoção da inflamação autoimune. *Nature Immunology, 8*(9), 929-935.

- Kumar, S., et al. (2004). Role of interleukin-6 in the pathogenesis of multiple myeloma. *Clinical Cancer Research, 10*(3), 1353-1361.

- Lee, J., et al. (2017). Geração de ROS e o envolvimento da via de sinalização MAPK em doenças inflamatórias. *Biologia e Medicina dos Radicais Livres, 112,* 85-92.

- Sandler, N., et al. (2014). Papel da IL-6 na neuroinflamação. *Journal of Clinical Investigation, 124*(9), 3910-3918.

- Schett, G., et al. (2008). IL-6 e TNF-alfa na artrite reumatoide. *Annals of the Rheumatic Diseases, 67*(5), 575-582.

- Samuelsson, B. (1983). Arachidonic acid metabolism. *The FASEB Journal, 2*(3), 211-219.

- Funk, C. D. (2001). Prostaglandins and leukotrienes: Advances in eicosanoid biology. *Science, 294*(5548), 1871-1875.

- Murphy, R. C., & Walker, M. E. (2009). Mediadores lipídicos na inflamação. *Current Opinion in Lipidology, 20*(3), 194-200.

- FitzGerald, G. A., & Patrono, C. (2001). The Coxibs, inibidores selectivos da ciclo-oxigenase-2. *The New England Journal of Medicine, 345*(6), 433-442.

- Finkel, T., & Holbrook, N. J. (2000). Oxidants, oxidative stress, and the biology of aging. *Nature, 408*(6809), 239-247.

- Medzhitov, R. (2008). Origin and physiological roles of inflammation (Origem e papéis fisiológicos da inflamação). *Nature, 454*(7203), 428-435.

- Tewari, M., & Hoh, J. (2012). O papel da inflamação no envelhecimento e na doença. *Biochimica et Biophysica Ata (BBA) - Molecular Basis of Disease, 1822*(1), 1-10.

- Libby, P. (2007). Inflammation in atherosclerosis (Inflamação na aterosclerose). *Nature, 420*(6917), 868-874.

- Calder, P. C. (2006). n-3 polyunsaturated fatty acids and inflammation. *The American Journal of Clinical Nutrition, 83*(6), 1505S-1519S.

Printed by Books on Demand GmbH, Norderstedt / Germany